浙江省新型稻渔综合种养模式与典型实例

丁雪燕 周 凡 马文君 怀 燕 编著

ZHEJIANGSHENG XINXING DAOYU ZONGHE
ZHONGYANG MOSHI YU DIANXING SHILI

海洋出版社

2020年·北京

图书在版编目（CIP）数据

浙江省新型稻渔综合种养模式与典型实例 / 丁雪燕
等编著. -- 北京：海洋出版社，2020.8
ISBN 978-7-5210-0629-2

Ⅰ.①浙⋯ Ⅱ.①丁⋯ Ⅲ.①水稻栽培－浙江②稻田
养鱼－浙江 Ⅳ.①S511②S964.2

中国版本图书馆CIP数据核字(2020)第140861号

责任编辑：杨　　明
责任印制：赵麟苏

海洋出版社 出版发行
http://www.oceanpress.com.cn
北京市海淀区大慧寺路 8 号　　邮编：100081
北京朝阳印刷厂有限责任公司印刷　　新华书店北京发行所经销
2020年8月第1版　　2020年8月第1次印刷
开本：850mm×1168mm　　1／32　　印张：5.375
字数：134千字　　定价：40.00元

发行部：62132549　　邮购部：68038093　　总编室：62114335
海洋版图书印、装错误可随时退换

《浙江省新型稻渔综合种养模式与典型实例》
编委会

前　言

　　浙江省稻田养鱼历史悠久，文化底蕴十分深厚。明洪武二十四年（公元1391年）《青田县志·土产类》中记载"田鱼有红黑驳数色，于稻田及圩池养之"，是有关青田稻田养鱼的最早文字记录。2005年6月，浙江青田稻鱼共生系统列为全球首批五个、亚洲唯一的全球重要农业文化遗产保护项目。2013年，青田稻田共生系统又被农业部列入首批中国重要农业文化遗产。2005年6月5日，时任浙江省委书记习近平作批示："关注此唯一入选世界农业遗产项目，勿使其失传。"

　　近年来，浙江省在保留与继承发展传统山区稻田养鱼模式的同时，又创新发展了被誉为"浙江模式"的稻鳖共生、稻青虾共作等模式，在全国得到推广，经济、生态和社会效益显著；近两年稻小龙虾综合种养模式又在浙江省得到较快发展，成为新的稻渔综合种养模式亮点。2019年，浙江省农业农村厅印发《浙江省稻渔综合种养百万工程（2019—2022年）实施意见》文件，以加快农业供给侧结构性改革为主线，围绕稳定粮食生产、保障农产品有效供给、推进化肥农药减量增效、促进农民增收的目标，以优化布局、强化种业、熟化模式、示范引领、培育主体、打造品牌为主要任务，实现稻渔产业"强"起来、稻渔环境"美"起来、稻渔产品"优"起来、稻渔主体"富"起来，助力精准扶贫和乡村振兴，推动新时期浙江省稻渔综合种养产业迈入新阶段。

本书以浙江省稻渔综合种养的四大类主要模式为重点，以模式的基本技术规程和省内典型主体实例为主要内容，图文并茂的展示了技术要点和特色案例，具有针对性好、可读性高、实用性强、易复制易推广的特点，可供广大从事稻渔综合种养业主及相关科研人员、农业和水产技术推广人员参考使用。

鉴于本书编写时间仓促，编者水平有限，书中不妥之处，敬请广大读者雅正。

编　者

2020年7月

目　录

第一章　稻鳖综合种养·······································1

第一节　基本技术规程 ··3

第二节　典型实例一　德清"稻鳖共生"模式 ··········12

第三节　典型实例二　秀洲"稻鳖共生"模式 ··········18

第四节　典型实例三　龙游山区"稻-鳖-鱼共生"模式 ·······24

第五节　典型实例四　云和山区"平板式稻鳖共生"模式 ······30

第六节　典型实例五　半山区地形"稻鳖共生"模式 ·········37

第二章　稻小龙虾综合种养 ···························47

第一节　基本技术规程 ·······································48

第二节　典型实例一　海宁"稻小龙虾'369'共作"

　　　　模式 ··63

第三节　典型实例二　南浔"稻小龙虾共作"模式 ·······72

第四节　典型实例三　江山"稻-小龙虾-禾花鱼"

　　　　综合种养模式 ··80

第五节　典型实例四　长兴"稻小龙虾轮作共生"模式 ········ 86

第六节　典型实例五　温州"稻小龙虾轮作"模式 ············· 97

第三章　稻青虾综合种养 ···················· 109

第一节　基本技术规程 ································· 110

第二节　典型实例一　绍兴"稻–青虾–鳅"

综合种养模式 ······························ 120

第三节　典型实例二　诸暨"稻–青虾–小龙虾"

综合种养模式 ······························ 129

第四章　稻鱼综合种养 ···················· 137

第一节　基本技术规程 ································· 138

第二节　典型实例一　青田"稻鱼共生"模式 ·············· 150

第三节　典型实例二　海盐"稻–鳅–菱"综合种养模式 ······ 157

第一章　稻鳖综合种养

　　稻鳖综合种养是以水田为基础，以水稻和鳖的优质安全生产为核心，充分发挥鳖稻共生的除草、除虫、驱虫、肥田等的优势，实现优质农产品生产的一种高效生态的种养结合模式。浙江省示范推广的实践证明，稻鳖共生模式有四大效应。一是稳粮增收效应。稻鳖共生每亩^①稻田可收获稻谷500千克、中华鳖100千克以上、亩产值2万元以上、亩均利润近万元；既稳定了粮食生产又增加了农民收入，有效解决了"政府要粮、农民要钱"的矛盾。二是生态安全效

---

① 亩为非法定计量单位，仅在农业中常用。1亩≈666.67平方米。

应。稻鳖共生模式基本不用农药和化肥，在稳定粮食生产的前提下，大幅降低了农业面源污染，还优化了土壤结构，提升地力。三是质量安全效应。由于整个生产过程中基本不用化学投入品，生态、绿色安全，产品质量安全可控，让老百姓吃得放心，吃得健康。四是空间拓展效应。通过在稻田中开挖沟坑（占比10%以内）进行稻鳖共生，实现了一田两用，一地双收，有效拓展了生态渔业发展空间，被称为稻田综合种养的"浙江模式"。

第一节 基本技术规程

一、环境要求

场地应选择环境安静、水源充足的稻田，土质以保水性好的黏土壤土为佳；基本条件需符合《水稻产地环境技术条件》（NY/T 847）和《渔业水质标准》（GB 11607）的要求。

二、田间工程

（一）沟坑

田块以集中连片为宜，开挖环沟和坑。环沟沿田埂内侧50～60厘米处开挖，宽3～5米，深1～1.5米。坑位紧靠进水口的田角处或一侧，形状呈矩形，深度1～1.2米，四周用密网或PVC塑料设置围栏，围栏向坑内侧倾斜10°～15°。沟坑面积占田块比例不得超过10%，坑埂应加固，并高出稻田平面10～20厘米。

环沟

鳖坑

（二）田埂

利用挖沟坑的泥土加宽、加高、加固田埂，做到不渗水不漏水。

田埂截面呈梯形，埂底宽80～100厘米，顶部宽40～60厘米；平原地区田埂高出稻田平面50～60厘米，丘陵地区为40～50厘米，冬闲水田、低洼稻田应高出80厘米以上。开展机械化作业的，需留出3～5米宽的农机通道。

（三）进排水

进排水系统独立设置，进排水口呈对角设置，并用密网包裹。排水口建在排水沟渠最低处。

（四）防逃设施

防逃设施可选用砖墙、铝塑板、彩钢板等材质，在环沟外侧设围栏，高出埂面50～60厘米，竖直埋入土中15～20厘米，四角处围成弧形。

铝塑板　　　　　　　　　　　砖墙

（五）监测监控系统

有条件的可在田块四周、沟坑上方安装实时监控系统；在田块进排水处安装水质监测系统。

三、水稻种植

（一）稻种选择

选择抗病虫能力强、叶片角度小、透光性好、抗倒性强、成穗率高、穗大、结实率高的优质迟熟高产品种。推荐常规水稻有嘉禾218、嘉67、南粳46，杂交稻有甬优15、嘉优中科3号等。

（二）田块整理和要求

每年3月对田块进行翻耕平整。

（三）秧苗栽插

6月初种植水稻，采用机插或人工移栽方式，每亩插8000～10000丛，每丛2～3株。

（四）晒田

插秧后20天左右进行第一次晒田，前期需要多次轻晒田，收获前1个月排水晒田。晒田总体要使田块中间不陷脚，田边表土不裂缝和发白。晒田时，应缓慢排水，促使鳖进入沟坑，防止逃逸，待鳖全部进入沟坑中后开始重新晒田。收割前7天水位降到田面以下。

（五）施肥

第一年开展综合种养的稻田，需根据田块肥力情况进行科学施肥，尤其是对于肥力不足的稻田，施加基肥（有机肥），一次施足，避免将肥料撒入沟坑中。

（六）水位控制

插秧后前期以浅水勤灌为主，田间水层不超过3～4厘米；孕穗阶段以10～20厘米深水为主，同时采用灌水、排水相间的方法控制水位。

（七）病虫害防治

水稻病虫害防治以鳖在稻田活动捕食、冬春季灌水养鱼灭草杀蛹，以及采取水稻合理稀栽，配置使用性诱剂、杀虫灯等生态防控措施为主。

（八）收割

9月搁田，搁田时以灌"跑马水"为主，使鳖进入沟坑。10月底水稻成熟后，采用机械化收割或人工收割，并将秸秆移出稻田。水稻亩均单产与本地区单种优质稻平均水平相当。

四、稻田中华鳖养殖

（一）中华鳖选择

中华鳖苗种建议选用国家级新品种，或自繁自育适合本地区养殖的优质良种；可向具有水产苗种生产许可证的企业购买。

中华鳖日本品系　　　　　清溪乌鳖　　　　　浙新花鳖

（二）放养时间

在中华鳖投放前10～15天，按沟坑面积用生石灰50～75千克/亩进行消毒。"先鳖后稻"模式先将鳖限制在沟坑内养殖，待水稻返青后放鳖进入稻田；先稻后鳖模式在6月初种植水稻，7月中旬放养中华鳖。

（三）规格与密度

稻田养殖中华鳖放养密度推荐如下表。

个体质量（克）	150～250	250～350	350～500	500～750
密度（只/亩）	250～350	180～250	120～180	100～120

（四）放养方法

选择水温高于10℃的晴天进行，放养前用15～20毫克/升的高锰酸钾溶液或30毫克/升的1%聚维酮碘溶液浸浴15分钟左右，再将鳖种轻缓倒入水稻田中。

（五）养殖管理

1. 投喂　投喂中华鳖膨化配合饲料，实行"四定"法投喂，并根据天气状况适当调整。

2. 调水　对开挖的沟坑水体进行生态法调控，控制水体pH值为6.5～8.5，溶解氧大于3毫克/升。

3. 病害防控　采用合理放养密度、定期消毒等生态防治为主的策略；日常加强巡查，及时清除水蛇、水老鼠等敌害生物，驱赶鸟类。

（六）捕捞

按市场需求，可采用钩捕、地笼或清底翻挖等方式抓捕中华鳖。

（七）越冬

　　水稻收割后，沟坑内应及时注入新水，水位保持在50厘米以上。冬眠期间不应注水和排水；冰封时需在冰面上打洞。

第二节
典型实例一　德清"稻鳖共生"模式

一、主体简介

　　浙江清溪鳖业股份有限公司自2008年开始探索构建稻鳖轮作/共生模式与技术。公司现有养殖基地3200余亩，2017年入选国家级稻田综合种养示范区建设，创建了被誉为"德清模式"的稻鳖共生模式与技术，为全省乃至全国提供了一套生态高效、可复制、可推广的技术规程。

二、关键技术

　　（一）稻田改造

　　1. 沟坑开挖　单个田块面积15亩左右。在池塘两侧沿塘埂挖低，并用水泥现浇，形成暂养池。暂养池至少为2个，占池塘总面积的8%～10%，深度40厘米左右，作为鳖冬眠、投饵、暂养、起捕的场所。

2. 防逃设施　暂养池四周用混凝土现浇60厘米防逃墙，其中池下部分20厘米；在防逃墙上固定塑料网片，网高1米，网片可自由收卷、倾斜、竖立。

（二）种植与放养

1. 水稻品种　选择感光性、耐湿性强、株型紧凑、分蘖强、穗型大、抗倒性、抗病能力强的清溪系列。每年4月底或5月种植水稻，机插或人工移栽方式。

2. 鳖的放养 5月种水稻，约20～30天后网片收卷，使中华鳖散放到稻田，实现共生。一般情况下，亲鳖的放养时间为3—5月，早于水稻插秧；幼鳖的放养时间为5—6月，在插秧20天之后进行。一般亲鳖亩放50～200只，幼鳖亩放100～600只。早放养的中华鳖需先放在暂养池中。

3. 鳖稻共生 5—9月下旬将暂养池的网片收卷，使鳖可自由出入。9月下旬至10月中旬放倒网片与池塘成30°角，使鳖进入暂养池后无法爬出，便于排水、烤田和收割水稻。10月下旬至翌年5月网片竖立，未捕获的鳖集中在暂养池冬眠。

（三）日常管理

1. 水稻管理　水稻合理稀植，保障鳖的活动空间以及良好的通风和充足的阳光。插秧后的前期以浅水勤灌为主，田间水层不超过3～4厘米，穗分化后逐步提高水位并保持在10～15厘米。

2. 水质调控　根据气温、水稻长势逐步增高田间水位保持田面水位不低于20厘米。视水质变化换水调水，以保持田间水质稳定。

3. 病害防治　鳖病害防治坚持以防为主原则，水稻病虫害通过稻

鳖共生互利、水稻合理稀栽以及生物诱虫灯等措施绿色防控。及时清除敌害生物、驱赶鸟类。

4. 收获管理 10—11月，收割前先将水缓慢流出，使中华鳖进入暂养池后再进行机械化收割；暂养池中的中华鳖可根据市场行情和规格随时起捕。

5. 生态肥田 水稻收割之后，在稻田中每亩放养3～4头商品猪（100千克/只）自由活动3～4个月，期间以稻田里的天然植物和园区种植的蔬菜莲藕等为食；或放水养殖草鱼（10千克/亩），利用其食草习性以清除池塘内的秸秆和杂草；起到生态肥田作用。

三、效益分析

基地水稻产量510千克/亩、鳖净增产75千克/亩。"清溪香米"平均售价15元/千克、"清溪鳖"平均售价236元/千克，实行专卖店和会员制等方式销售；亩均产值2.2万元，亩利润达1.1万元，实现了"百斤鱼、千斤粮、万元钱"。种养全程不施肥不打药，保障了农产品质量安全，降低了农业面源污染。公司先后在全国稻田综合种养产业创新联盟组织的评比中获技术创新、绿色生态、最佳口感等三项金奖。

第三节
典型实例二 秀洲"稻鳖共生"模式

一、主体简介

嘉兴市秀洲区新腾秀新生态农场成立于2013年，主要开展稻鳖共生模式，目前已发展稻鳖共生模式面积500亩。该农场创建的"稻鳖共生"模式荣获2018年度全国稻渔综合种养模式创新大赛一等奖，并以该模式为基础提炼形成了秀洲区标准——《平原水乡稻鳖共生技术规范》。

二、关键技术

（一）稻田改造

1. 环沟开挖　稻田面积10～20亩，延田埂内侧四周开挖环沟供鳖活动，沟宽1.5～2米，沟深0.8～1米，环沟占稻田总面积的10%以内。同时，用挖沟的泥土加宽、加高田埂。

2. 防逃设施　防逃设施可使用网片、硬质钙塑板等材料，池周围的防逃墙内留宽0.5米以上的空地供鳖晒背和休息；基地四周搭建防盗围墙。

3. 消毒除杂　环沟完成后，在苗种投放前10～15天，每亩环沟面积用生石灰50～75千克消毒。

（二）水稻栽培

1. **水稻栽插** 选用优质稻中熟晚粳"南粳46"，在5月下旬至6月上旬，采用人工或机械插秧，行株距30厘米×25厘米，亩栽8000~12000丛，选择粗壮的秧苗每丛2~4株。

2. **科学管水** 根据季节合理控制水位，做到自然干涸，不宜将田间养殖水体直接外排。

（三）鳖苗放养

选择健康的中华鳖日本品系，7月中旬投放规格为0.3千克/只的鳖种150千克/亩；放养前先进行消毒处理。

（四）共生管理

1. 水稻管理　水稻合理稀植，插秧后前期以浅水勤灌为主，田间水层不超过3～4厘米，穗分化后，逐步提高水位并保持10～15厘米。

2. 饲养管理　投喂配合料，投饵量具体视天气、温度、鳖亩放养量及生长吃食情况灵活把握。

3. 水质调控　根据气温、水稻长势逐步增高田间水位，保持田面水位不低于20厘米。

4. 病害防治　鳖病害防治坚持以防为主的原则。稻鳖共生期，水稻叶上的虫、蛙、螺、草籽等可为中华鳖提供天然饵料，减少病虫害来源；中华鳖爬行有效疏松土壤，其粪便可作为肥料。抽穗期人工拔草。田埂四周种植芝麻等显花作物，以及利用生物防虫灯防治害虫。全过程实现不施化肥、不撒农药。

（五）收割捕获

自10月起自然降低水位搁田，搁田时以灌"跑马水"为主，使鳖进入环沟。11月，机械化收割水稻。

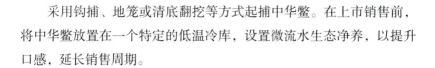

采用钩捕、地笼或清底翻挖等方式起捕中华鳖。在上市销售前，将中华鳖放置在一个特定的低温冷库，设置微流水生态净养，以提升口感，延长销售周期。

三、效益分析

农场每年产出优质粳稻500.2千克/亩，中华鳖增重180千克/亩。大米"秀水渔米"（区域公共品牌）——"凌阿伯"销售价格15～20元/千克，生态鳖"稻香鳖"销售价格160～200元/千克；亩均稻米净利润4000元、中华鳖净利润20000元，实现一田多收，品质提升，稻鳖双赢。

第四节

典型实例三　龙游山区"稻-鳖-鱼共生"模式

一、主体简介

　　龙游力君家庭农场，位于衢州龙游县庙下乡，基地面积570亩。2015年该农场开始采用稻渔综合种养模式，2016年注册"苗下香"商标，水稻和水产品通过了有机农产品认证。2018年获得全国稻渔综合种养模式创新大赛和优质渔米评比推介活动中荣获绿色生态奖，"浙江好稻米"评比金奖等荣誉。

二、关键技术

（一）稻田改造

1. 田块选择　选择水源充足、水质优、保水性能好、周边环境安静的稻田。

2. 边沟开挖　在田边挖出"U"形的沟槽，长边沟宽1米，短边沟宽约2米，沟深0.8～1.2米，开挖面积小于稻田面积10%；沟槽的内外两侧均用水泥浇灌筑起，以保持田块的形状。

3. 防逃设施　田块之间水渠保持通畅，设置拦网；沟槽周边通过砖块垒墙，上盖瓷砖板（盖过田埂边缘），基地四周进行围网，并安装监控设备。

（二）种养技术

1. **水稻种植**　根据山区的地势及温差变化，选择感光性、耐湿性强的、株型紧凑、穗型大、抗倒性、抗病抗冻能力强的品种。农场使用"甬优9号"，每年4月下旬至5月上旬水稻播种，5月底至6月中旬定植，秧龄40天左右。

2. **种植密度**　合理疏植，株行距30厘米×40厘米。

3. **鳖、鱼放养**　中华鳖品种为中华鳖日本品系和清溪乌鳖，鱼种以田鱼和禾花鲤为主。水稻移栽15天以后，放养鳖苗和鱼苗（亩放幼鳖150～200只、鱼苗750尾）；做好早晚巡塘。

（三）日常管理

1. 水质调控　根据气温、水稻长势逐步增高田间水位，保持田面水位不低于12厘米。水稻分蘖末期，加深水位，让鱼、鳖能入稻垄，发挥耕田除草，松土增肥，吞食害虫等功能。

2. 饲养管理 鳖苗放养2天后开始投喂饲料，一般为鳖体质量的3%，每天早晚各投喂1次，适当调整。浅水分蘖，投喂足量饲料，防止鱼、鳖拔秧苗；水稻扬花期，保持深水位，因花瓣、害虫等有机物掉入大田为水产品提供饵料，可停喂饲料；烤田时，缓慢降低水位让鱼、鳖缓慢进入鱼沟。

3. 病害防治 鳖病害防治坚持以防为主原则，做好绿色防控。每月对养鳖水体消毒1次，均匀泼洒生石灰上清液。

4. 收获管理 10—11月视水稻成熟度采用机收或人工方式进行收割，收割前先将水缓慢放出，使中华鳖进入沟槽中。收割后加深水位，引入草鱼、鲫鱼，加大对系统饵料生物的利用率，补充土壤肥力，增加系统产出。

三、效益分析

　　农场每年产出水稻503.4千克/亩、鳖净增产37.5千克/亩、鱼类增产125～150千克/亩。产出的"苗下香"有机稻米市场平均售价为20元/千克，中华鳖市场平均价200元/千克。亩均总产出超过5万元，亩利润达1.47万元，综合效益明显，为山区发展稻鳖共生模式提供了借鉴。

<h1 style="text-align:center">第五节</h1>

典型实例四　云和山区"平板式稻鳖共生"模式

一、主体简介

　　云和县清江生态龟鳖养殖专业合作社稻渔综合种养基地，位于丽水市云和县崇头镇栗溪村，距离云和梯田景区2千米，基地面积60亩。2017年该基地开始稻渔综合种养模式，2017—2019年连续3年获得全国稻渔综合种养模式创新大赛银奖、二等奖和一等奖。2019年该合作社牵头制定了丽水市地方标准——《山区梯田型稻田养鳖技术规范》。

二、关键技术

（一）稻田改造

1. **田块选择**　选择连片梯田，田块较大，水源充足、水质优、保水性能好、周边环境安静、交通便利、村风淳朴的稻田。

2. **沟坑开建**　沟坑的位置紧靠进水口的田角处或一侧，面积控制在稻田总面积的10%之内，深度30～40厘米，四周可用条石、砖等进行栏挡田泥。

3. **田埂加固**　稻田在放养前应对田埂进行改造，将田中取出的泥土加筑到四周田埂上，并夯实，使之不渗水、不漏水。田埂截面呈梯形，埂底宽50～70厘米，顶部宽30～50厘米，顶部高出田块平面30～50厘米，外面用水泥砖、泡沫砖、混凝土等加固。

4. 防逃设施 田块之间水渠保持通畅，设置拦网。防逃设施是否有效是山区稻鳖共生养殖成功的关键，田间设施要求坚固可靠。在田埂外侧安装光滑的塑料板、彩钢板、石棉瓦等材料，防止中华鳖逃逸，基地四周设置围网，并安装监控设备。

5. 进排水系统 排水口选用PVC管材，设在稻田相对成两角的田埂上，在进水渠近端设进水口，对角的另一端设排水口，排水口略低于田面。在进排水口均用60目聚乙烯网布包扎。

（二）种养技术

1. 水稻种植 根据山区的地势及温差变化，选择感光性、耐湿性强的，株型紧凑、穗型大、抗倒性、抗病抗冻能力强的品种。农场使用"甬优9号"，每年4月下旬至5月上旬水稻播种，5月底至6月中旬定植，秧龄40天左右。

2. 种植密度　合理疏植，株行距30厘米×40厘米。

　　3. 鳖放养　选择中华鳖日本品系，在水稻移栽10天后，亩放养幼鳖100～150只，规格400～600克。为避免性腺成熟后因公母不分而导致母鳖高死亡率，放养时应区别公母，进行公母分田放养。放养之前用50毫克/升的聚维酮碘溶液浸泡消毒 5～10分钟做好早晚巡塘。

（三）日常管理

1. 水质调控　根据气温、水稻长势逐步增高田间水位，保持田面水位不低于12厘米。水稻分蘖末期，加深水位，让鳖能入稻垄，发挥耕田除草，松土增肥，吞食害虫等功能。浮萍较多的稻田可放养适量草鱼。

2. **饲养管理** 鳖苗放养10天后，开始投喂中华鳖专用膨化配合饲料，投放点在沟坑区域，山区稻田有丰富的饵料生物，投喂量一般为鳖体质量的1%，每天早晚各投喂一次，高温季节，可适当增加投喂量。9月因花瓣、害虫等有机物掉入大田为水产品提供饵料，为避免商品鳖过肥，可适当停喂饲料。

3. **病害防治** 要选择健康、无药残、无病害、可溯源、有合格证的正规养殖场的鳖种。投放健康的鳖种，加上科学调控水质，基本不需要施用药物。

4. **收获管理** 10—11月视水稻成熟度采用人工方式带水进行收割。收割后加深水位，引入草鱼，加大对系统饵料生物的利用率，补充土壤肥力，增加系统产出。

三、效益分析

基地每年产出水稻300千克/亩、鳖净增产25千克/亩，回捕率80%以上。中华鳖平均价240元/千克，大米平均售价10元/千克，亩均总产出0.9万～1.1万元，亩利润达0.4万～0.6万元，综合效益明显，为山区梯田发展稻鳖共生模式提供了参考。

第六节
典型实例五 半山区地形"稻鳖共生"模式

一、主体简介

　　杭州昊琳农业开发股份有限公司位于桐庐县百江镇百江村，生态环境优美。该公司是杭州市高新企业、杭州市农业龙头企业、浙江省农业科技型企业、浙江省农业科技中小企业。公司生产的中华鳖于2018年度获浙江省名牌产品，获2016、2018年度浙江省农博会金奖产品；"鳖鲜稻香"大米于2018、2019年两度荣获全国稻渔综合种养优质渔米评比金奖。

二、关键技术

（一）稻田改造

1. 稻田选择　稻田要求水源充足，水质良好，排灌方便，环境安静。田块大小根据半山区地貌而定，一般以10～30亩为宜。

2. 稻田改造

① 越冬池塘建设　为方便水稻机械化收割，又有利于中华鳖的越冬，在稻田进水渠下方建造越冬池塘，越冬池塘深度1米左右，出水口安置在稻田方向，面积控制在稻田总面积的7%以内。池塘另外三边砌水泥砖墙，高出田块1.2米；同时设水泥瓦作防逃隘口；朝稻田方向使用活动铁皮，可使中华鳖在共生养殖期自行在池塘和稻田间爬行活动。

② 深沟建设　在越冬池塘与稻田之间、距离越冬池塘外部1米处开挖一条深度0.6米、宽1米，并与越冬池塘平行的深水沟，面积控制在稻田总面积的1%以内。深沟可在水稻烤田时为中华鳖提供暂避场所。

③ 浅沟建设　按照田块大小，在田中间开挖稍浅些的"丑"字形的浅沟，深0.2米、宽0.5米，面积控制在稻田总面积的2%以内；与深水沟相同，"丑"字形浅沟的出头点为稻田排水口。

④ 防逃、防盗设施　在稻田四周挖深0.2米、宽0.25米的墙基坑道，用混凝土浇筑墙基，墙基上面砌0.5米高的水泥砖墙，同时加盖水泥瓦制作防逃隘口，砖墙每隔4～5米用砖砌内外护墙各1个，防止鳖在养殖期间逃逸。同时，在示范田块外围架设钢丝网，并安装远程互联网监控等防盗设施。

3. 进排水系统　稻田进排水渠道独立分开。进水口建在越冬池塘上方，稻田排水口设在"丑"字形浅沟末端，并在排水渠道出口设置防逃栅；越冬池塘养殖尾水可经过深水沟至稻田利用；排水处使用PVC管，可再次接到外部单种稻田块中二次使用。

4. 投饵区和晒台　在越冬池塘进水口处一侧用长2米、宽2米的PVC管设一个正方形浮框，作为饲料投喂区；使用长4.5米、宽1.8米左右的塑料板，安置在越冬池塘间隔处方向，倾斜放置，方便中华鳖爬行与晒背。

（二）水稻品种选择与播种

选择抗病力强、抗倒伏、分蘖强、高产、口感好的稻种。基地选用"甬优15"系列晚熟杂交水稻品种，其口感软、糯、香、滑，在当地市场需求旺。

育秧播种期为5月中旬，插秧时间为6月初，视当年实际气候情况为准；按照直距40厘米、行距30厘米进行机插，亩插秧5500丛。

（三）中华鳖选择与放养

选择生长快、抗病力强的大规格中华鳖日本品系，平均规格0.5千克左右；放养前应使用生石灰对稻田和鳖沟进行彻底清整消毒。

在水稻育苗期，中华鳖先在越冬池塘进行1个月左右暂养，亩放300只，放入前用10%碘制剂浸泡3～5分钟。池塘中同时少量放养鲢鳙鱼和螺蛳，调节水质。在水稻机插20天、二次肥水并轻搁田后，利用加高池塘水位让其自行爬到稻田中，进入共生期。

（四）种养管理

1. 水稻日常管理

① 施肥管理　在插秧前，亩施用碳酸氢铵和磷酸钙各20千克作为基肥；机械化插秧7天后，每亩按20千克菜籽饼加10千克尿素浅水位直接撒匀、自然晒干最佳，20天后再使用氯化钾10千克/亩追肥一次，水稻成熟前期可以适当增加"富硒"等叶面肥使用一次。

② 水位控制　水稻种植前期以浅水为主；8月中旬是稻纵卷叶螟和褐稻虱爆发高峰期，尽量灌满深水，利于鳖捕食害虫进行生物防控；9月后逐步开通排水沟，及时搁田。

③ 绿色防控　在田区间外部每30亩面积安装一台太阳能灭虫灯；同时，在池塘堤坝和机耕路旁空闲地带种植芝麻，利用芝麻开花期吸引的蜜蜂来降低虫害发生概率。

2. 中华鳖日常管理

① 饲料投喂　采用"定时、定点、定质、定量"原则。投喂鳖专用配合饲料，日投喂量为鳖体重的1%～2%。以1小时内食完为宜，根据气温及摄食情况对应调整；可适当搭配投喂田螺等活饵。

② 巡塘管理　每日巡塘3次。一是观察鳖吃食情况，适时调整投喂量；二是确保鳖沟和稻田的水位稳定，以微流水最佳；在持续降雨期及时排水，干旱期及时补充新水，在不影响水稻生长的情况下，适当加深稻田水位，控制水深在15～20厘米；三是检查防逃设施、田埂、进排水闸是否有损坏或漏洞，及时修补。

③ 病害防控　坚持"预防为主，防治结合"的原则。每天清洗饵料投喂区，越冬池塘与鳖沟每半个月每亩定期用二氧化氯1千克消毒，每次消毒3天后水体每亩使用EM原露1千克直接倒入饲料投喂区调节水质。

（五）收获

1. 水稻收割　9月初水稻稻穗逐步饱和后逐步搁田，于10月下旬至11月上旬机械化收割，烘干、加工、仓储等均全机械化操作。

2. 鳖的捕捞　9月搁田后，让中华鳖自行爬出田块进入越冬池塘，同时将池塘水位适当降低，保证鳖只进不出，一直到10月初利用铁皮彻底拦截池塘与稻田通道。水稻收割后，将稻田中残留中华鳖通过人工捕捉到越冬池塘，集中越冬。根据市场需求，采取捕大留小方式分批供应。

三、效益分析

（一）生态效益

示范点自开展稻鳖共生模式以来，土壤较单种稻田块有明显改善，化肥使用量下降65%，农药使用量下降70%。同时，通过微生物制剂调水，以及在中华鳖配合饲料中适量添加中草药等方式，养殖全程不使用抗生素等渔药，有效保障了产品的质量安全，提升了品质，改善了生态环境。

（二）经济效益

经测产，基地水稻产量平均650千克/亩，大米出米率72%以上。创建"鳖鲜稻香"大米品牌，销售价格15元/千克以上，稻米亩产值约8000元；亩产生态鳖270千克，创建"昊琳甲鱼"品牌，价格在240元/千克以上，鳖亩产值可达7万元；亩均利润达2万元以上。

（三）社会效益

基地作为省级新型稻渔综合种养示范点，结合相关科技项目的实施，创新发展的半山区地形稻鳖共生模式，有效解决稻田养殖中华鳖周期与安全越冬技术难题，丰富了稻鳖综合种养模式。

第二章　稻小龙虾综合种养

　　稻小龙虾综合种养，是指在水稻田里通过田间工程改造，合理套养一定数量小龙虾，发挥小龙虾除草和排泄物增肥等功效，实现水稻小龙虾共生连作，以取得生态环保、高产高效的模式。该模式可达到"田面种稻，水体养虾，虾粪肥田，稻虾共生"的效果，一般亩产小龙虾150千克、水稻500千克，亩均利润3000元。通过稻-小龙虾共作，将水稻种植和水产养殖有机结合，合理配置土地资源和水资源，具有资源节约、环境友好、循环生态、优质高效的优点，有效促进了广大农民种粮积极性，促进了增产增收，对于助力精准扶贫和乡村振兴，具有积极意义。

第一节 基本技术规程

一、环境要求

　　稻田区域相对集中独立，地势平坦，土壤质量良好，以保水性强的壤土为宜。单一田块5亩以上，以20～50亩为一个单位为宜。场地应选择环境安静、水源充足的稻田，土质以保水性好的黏土壤土为佳；基本条件需符合《水稻产地环境技术条件》（NY/T 847）和《渔业水质标准》（GB 11607）的要求。

二、田间工程

（一）环沟

田块沿四周开挖环沟，环沟面积占稻田总面积的8%～10%（不得超过10%）。环沟上沿宽3～5米，沟底距田埂顶高度1.5～2米，沟底距田平面高度1～1.5米，沟底部宽1～2米，沟坡度约为1∶（1～1.5）。可在环形沟边坡中间设二级台阶，田块面积大，可增设中间沟。在靠近主干道的环沟一边可预埋水泥涵管，方便农业机械操作。

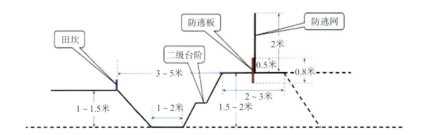

（二）外埂

利用开挖环沟的泥土加宽、加高外埂。应逐层打紧夯实，做到堤埂不裂、不垮、不渗漏。改造后的外埂宜高出田面0.8米以上，埂面宽2~3米，坡比1：（1.25~2）。为考虑方便农机进场，可留作业便道。

（三）进排水系统

进水口和排水口成对角设置。进水口建在田埂上，排水口建在环沟最低处，采用抽插管方式控制水位。进水口长出0.3米，便于在管口安装过滤网，过滤网孔径0.18～0.28毫米。地势低处设出水口，在虾沟的底部埋设，并有水位保持和防洪装置，设置防逃网罩。

（四）防逃设施

用水泥瓦、厚塑料薄膜、钙塑板沿田埂四周设置防逃墙，外围加设高约2米的聚乙烯网片。防逃墙离虾沟1～1.5米，埋入地下0.2～0.3米，高出地面0.4～0.5米，四角转弯处成弧形（可设两道网）。排水口应加设孔径0.2毫米左右的防逃网片。

（五）增氧设备

建议每个田块虾沟内设水车式增氧机2～4台，单台功率0.75～1.5千瓦；也可设置底增氧、推水增氧设施。

（六）田块消毒

稻田改造完成后，加水至比田面高0.1米后，用生石灰100千克/亩带水进行消毒，环沟处生石灰用量加倍，杀灭敌害生物和致病菌。

（七）水草种植

环沟消毒7～10天后，提高水位至田面上0.2米，在田面上种植伊乐藻或菹草，种植面积占整块田面积的1/3。环沟内适时种植伊乐藻、菹草、轮叶黑藻等，种植面积占环沟面积的30%～50%。

伊乐藻

菹草

轮叶黑藻

三、水稻种植

（一）品种

选择米质优良，抗倒伏、抗病虫的常规或杂交水稻品种，如"甬优1540""南粳5055"等。

（二）插秧

插秧在6月底前完成，采用机插或人工插秧，丛数1.1万～1.2万/亩，每丛2～3株。可采用"大垄双行、边行加密"栽插模式。

（三）施肥

稻田可施有机肥料，少施化肥，每亩施有机肥量500～1000千克，施肥在插秧前完成。严禁使用对小龙虾有害的氨水、碳酸氢铵等化肥。

（四）搁田

插秧后以浅水促分蘖，并适时露田与轻搁田。建议两次晒田，第一次晒田时间为水稻播种后40～45天，晒田后复水至3～5厘米，5天后即可进行第二次晒田，再次轻晒3～5天。晒田时环沟中水位低于田面0.3米。晒田总体要求是轻晒或短期晒，在7月底前搁好田。10月中旬后进行收割前的重搁田管理，缓慢放水，完成搁田。

（五）防控

稻田禁用菊酯类、噁草酮、有机磷农药；禁用除草剂，通过人工除草。提倡安装太阳能诱虫灯、性诱捕器，诱捕成虫或越冬螟虫。在第三、四、五代稻飞虱高峰前7～10天，适当灌深水，保持水位7～10天，消除稻飞虱产卵环境。

（六）收割

　　10月底至11月中旬，水稻收割前7天落水，环沟水位低于田面20～30厘米。采用收割机或人工收割水稻，稻茬留50厘米，收割后可逐步灌水，不淹没稻茬。

四、小龙虾养殖

（一）苗种放养

放养前虾沟进水深0.3～0.5米，进水需经80目规格的网袋过滤。

春季放养在3月下旬至4月上旬，放养规格4～5厘米幼虾，要求规格整齐、体色为青褐色或淡红色、附肢齐全、反应敏捷，亩放养6000尾。

秋季放养在8月下旬至9月上旬，放养规格35克以上亲种，要求附肢齐全、无损伤、体格健壮、体色暗红或深红色，体表光滑无附着物，亩放养15～20千克，雌雄比（3～5）∶1。

（二）水质管理

1. **水位控制**　2月底至4月中旬，环沟水位保持0.3～0.5米，4月底至5月底保持0.8～1.5米，6—12月中旬保持0.3～0.5米，12月下旬至翌年2月中旬保持0.8～1.5米。

2. 水质要求 保持水质的"肥、活、嫩、爽"，透明度20～40厘米，水中溶氧含量＞5毫克/升，氨氮、亚硝酸氮含量＜0.1毫克/升。

3. 水质调控 施用发酵有机肥或生物肥料保持水质有一定肥度；在生长季节的3—10月，每日定时开启增氧设施；按需进排水调节水质；每20～30天，按虾沟面积用2.5千克/亩的生石灰化浆后泼洒；可适当施微生物制剂调节水质。

（三）投饲管理

以摄食水草、浮游生物等天然饵料，补充投喂小龙虾专用配合饲料，粗蛋白含量28%～32%，投饲期3—11月，高峰期4—6月，日投喂量控制在1%～6%。投喂于无草区。

（四）病害预防

做好防病措施，保持良好水质，做好水草管理，投喂适量优质（补充维生素C、维生素E）饲料，在5月前，适时捕捞以降低虾密度，发病季节用碘制剂泼洒消毒。

（五）捕捞运输

3月中下旬至6月初为捕捞小龙虾的主要时间，根据虾的起捕规格选择不同网目大小的地笼网，捕捞时防囤积过多缺氧窒息死虾，留存一定数量亲本。

虾苗运输采用"半干半湿法"，亲虾采用"半干半湿法"或"干法"，运输时间控制在10小时内，避免阳光直射和虾脱水。

第二节
典型实例一 海宁"稻小龙虾'369'共作"模式

一、主体简介

浙江誉海农业开发有限公司基地总面积1033亩，2016年起开展稻-小龙虾模式试验示范，探索建立了稻-小龙虾共生"369"模式（即3—4月放虾苗、5—6月种水稻、8—9月再补放一批种虾），综合效益好。基地还是"2017年全国稻田综合种养现场观摩交流会"和"2019年全省稻渔综合种养培训活动"现场观摩点之一。

二、关键技术

（一）稻田改造

1. 开挖环沟 以50亩左右为一个单元，沿田块四面开挖环沟。环沟面宽3米、底宽2米，深度为1.5米，并留出宽4米左右的机械便道，便于农机设备进入田面，环沟面积约占总面积6%~8%。配备微循环增氧设备。

2. **加固田埂**　利用开挖环沟挖出的泥土加固原有田埂，逐层夯实，田埂高于田面80厘米，埂宽1~2米。

3. **设置防逃设施**　田块四周设置防逃防盗设施，并在主要路段安装防盗监控设施和防盗铁丝围网。

4. 改造进排水 对进水渠道及排水沟渠进行加固加高，进水管口用80目网袋过滤防止敌害生物进入。

（二）小龙虾养殖

1. 前期准备 消野除杂，加水至田面上20厘米。3月在田间和环沟中种植伊乐藻等水草，总量占田块面积的30%左右，夏季水面设浮框移栽水葫芦，面积约占30%；肥水培藻，培肥水质。

2. 苗种投放　3—4月投放虾苗（初始规格约6克/只），每亩约投放25千克。8—9月视存塘情况，每亩补放20～30千克种虾。

3. 饲料投喂　在环沟内设置食台。4—5月为生长旺季，投喂配合饲料，每天早晚各投喂1次；傍晚投喂量要占到全天投喂量的2/3；其他时期小龙虾摄食量小，且主要以稻田中生物、嫩草为主，因此减少投喂，隔日投喂；冬季基本不投喂。

4. 病害防控　小龙虾病害重在预防，加强水质调控。每半月每亩用3～5千克生石灰泼洒环沟，调节水质。

5. **捕捞**　捕捞方式为地笼捕捞。根据存塘情况，3—6月成虾和虾苗均可出售；后续根据小龙虾长成规格和存塘情况适时适量起捕。尽早放苗、尽早起捕。

（三）水稻种植

1. **前期准备**　5月中旬，待大部分小龙虾出售后，缓慢放低水位至露出田板，剩余小龙虾随水位降低躲入环沟当中；田面用旋耕机进行翻耕。

2. **水稻选种**　选择种植周期短、抗倒伏能力强，抗病害能力强的早稻品种，如"嘉优中科3号""沪早软香1号"等。

3. 水稻种植 5月下旬至6月初种植水稻，人工插秧，保留较宽的稻株间距便于小龙虾活动。

4. 水位控制　水稻移栽前1个月，逐渐降低水位，使小龙虾汇聚到沟内，便于集中捕捞和水稻移栽；种稻后提高水位，使田面水深保持15～20厘米；7月中下旬降低田面水位适当搁田，以促进水稻根系深扎，避免倒伏。

5. 病害防治　通过合理稀植水稻和小龙虾的活动，可有效减少水稻病虫害发生；采用昆虫诱捕器等生物防治法，不使用化学农药。

6. 水稻收割　9月中下旬逐渐降低水位，10月视水稻成熟程度，适时收割，同时沟内水位也逐渐降低至一半，促使小龙虾进洞。水稻收割后，加水至田面水深20～30厘米，稻茬经水淹及微生物作用后可作小龙虾饵料。

三、效益分析

基地小龙虾亩产122千克，平均规格35克/只，售价40元/千克，小龙虾产值4880元/亩；水稻亩产稻谷446.5千克，"誉安"品牌大米售价10元/千克，水稻产值3125元/亩；稻田亩均产值8005元，亩均利润4655元。年均减少化肥使用量55千克/亩、降低农药使用量80克/亩。对基地水质监测结果显示，尾水达到《地表水环境质量标准》（GB 3838）Ⅲ类水标准，实现了稳粮增收，提质增效、生态友好的绿色发展。

第三节

典型实例二　南浔"稻小龙虾共作"模式

一、主体简介

湖州南浔浔稻生态农业有限公司成立于2018年4月，位于南浔区大虹桥省级粮食生产功能区。公司以"绿色农业、生态循环"为发展理念，围绕优质稻米、清水小龙虾两大产业的绿色生态循环发展模式组织生产，以虾促稻、稳粮增效。

公司建有标准化稻虾生态种养核心示范基地面积1200亩，主要开展稻虾生态种养，通过"公司+合作社+基地+农户"的运作模式，采用"六统一"管理，示范带动功能区内发展稻虾生态种养1.5万亩。

二、关键技术

（一）稻田改造

1. 标准化养殖环沟 选择集中连片、地势平坦的田块，以20~30亩为一个单元，沿田块四周开环形养殖沟，环沟上部宽3~4米，底宽2~2.5米，深度为1.2~1.5米，沟坡度约为1∶1，埂宽1.5~2米，环沟面积占比不超过10%。

2. 进排水系统 每个田块设置一套分离的进排水系统，地势高处设进水口，进水管渠设在埂面上，管道或水渠出水端设置阀门，控制水量；地势低处设出水口，在虾沟的底部埋设，并有水位保持和防洪装置，设置防逃网罩。

3. 下机坡及内埂 每个田块设置 1~2 个人与机械进出的通道，便于农机设备进入作业，下埋涵管，便于水流通畅。在环沟靠近水稻种植区一侧，修筑内埂，高出田面20厘米，便于水稻管理。

4. 防逃设施 田埂四周设置2层防逃防盗设施，内层为防逃网，外层为防盗网。防逃网离地高50厘米、深入土中20~30厘米，外围加设高1.8米的铁丝网片。

（二）小龙虾养殖

1. 虾沟消毒 新开挖的虾沟，在虾种放养前1个月，按照虾沟面积计算，每亩用100~150千克的生石灰，化浆后全沟泼洒，清除敌害生物与杀灭病菌。

2. 苗种放养 放养前虾沟进水深30~50厘米，进水需经网目为80目规格的网袋过滤，防野杂鱼和敌害进入。3月上旬至4月上旬放养幼虾，亩放养5000~6000只；8月下旬至9月上旬放养亲种，亩放养

15~20千克，雌雄比（3~5）∶1。

3. 种植水草 春季3—4月及秋冬季10—11月，可在虾沟内种植或播种水草，种类为伊乐藻、轮叶黑藻、菹草等，种植面积占虾沟总面积的30%~60%，保持水草的生长。

4. 水质管理 保持水质的"肥、活、嫩、爽"，透明度20~40厘米。施用发酵有机肥或生物肥料，保持水质有一定肥度；在生长季节的3—10月，每日定时开启增氧设施；按需进排水调节水质；每20~30天，按虾沟面积用2.5千克/亩的生石灰化浆后泼洒；可适当施微生物制剂调节水质。

5. 投饲管理 以摄食水草、浮游生物等天然饵料，补充投喂专用配合饲料，粗蛋白含量28%~32%，投饲期3—11月，高峰期4—6月，投饲率控制在1%~6%，全季节养殖的饲料系数不大于1。

6. 捕捞　3月中旬至5月底为捕捞小龙虾的主要时间，根据虾的起捕规格选择不同网目大小的地笼网，捕捞时防囤积过多缺氧致虾窒息死亡，要留存一定量的亲本数量。

7. 病害预防　做好防病措施，保持良好的水质，投喂适量优质的饲料，捕捞以降低虾密度，发病季节用碘制剂泼洒消毒。

（三）水稻种植

1. 选用良种　选择米质优良、抗倒伏、抗病性强的优质米品种或杂交水稻品种，如"南粳5055""南粳46""浙湖粳25"等。

2. 稀播壮秧　5月中下旬开始育盘育秧，每盘播种量100～120克，秧龄不超过20天。

3. 适时插秧　采用机插或人工插秧，6月下旬前完成插种，亩插丛数1.2万～1.5万丛，每丛4～5株。

4. 重施基肥　在水稻秸秆还田和增施有机肥的基础上，亩施缓释肥40千克作基肥或插种时侧深施肥，后期视苗情适施穗肥。

5. 科学搁田　移栽后做到薄水返青，浅水分蘖，当总茎蘖数达到预计穗数80%左右时，落干搁田，至田中不陷脚，叶色落黄褪淡，收割前重搁田管理。

6. 防病治虫　采用病虫绿色防控，田埂种植蜜源性草花，安装太阳能诱虫灯、性诱捕器，释放天敌等综合措施防控。

7. 适期收割　10月底至11月上旬开始收割，采用收割机收割，留稻茬30～40厘米，收割后晒田消毒，后期逐步灌水。

三、效益分析

2019年，公司水稻平均单产480千克、产优质虾稻米（"浔稻香"品牌）312千克，单价10元/千克，亩产值3120元；亩产小龙虾142千克，单价30元/千克，亩产值4260元；合计亩产值7380元，亩均利润3000元。与单种植水稻的稻田相比，养殖效益增加2500元/亩，化肥农药双减量（均减60%以上）。在2019年"浙江农业之最"——小龙虾擂台赛上，公司养殖的一只重122.76克的小龙虾，荣获"浙江龙虾王"称号。

第四节
典型实例三 江山"稻-小龙虾-禾花鱼"综合种养模式

一、主体简介

江山市吉亮家庭农场，位于浙江省江山市凤林镇白沙村，2015年开始稻虾综合种养，包括稻鱼种养示范40亩、稻虾种养示范100亩。基地具有山好、水好、空气好的优越生态自然条件，交通便利。生产用水来源于江山市饮用水源，富含多种矿物和微量元素，水质达到Ⅱ类水标准；土壤质量达到Ⅱ级标准；为开展稻渔综合种养提供了良好的环境和场地条件。

二、关键技术

（一）稻田改造

1. **田块选择** 选择连片农田，田块较大、水源充足、水质优、环境安静、交通便利的稻田。

2. **稻田改造** 根据不同田块开挖环沟，环沟占比不超过稻田总面积的10%，田块进出水保持畅通。田块之间修建水渠，用水泥、石块等材料加固水渠，使之不渗水、不漏水。

3. 防逃设施 田块进排水口用细网布包裹，防止杂鱼及鱼卵进入。在稻虾种养区堤坝四周安装围网等防逃设施，防止小龙虾逃逸。

（二）种养技术

1. 水稻品种 根据地形、气候等因素，选择株型适中、穗粒偏硬、长势繁茂、抗倒性及抗病抗冻能力强、适宜本地种植的"甬优9号"。

2. 养殖模式 养殖水产品以小龙虾为主，小龙虾主产季过后则种植水稻，投放禾花鱼苗，可以增加农田利用时间，保持农田肥力。

3. 小龙虾放养 3—4月投放虾苗，加大投喂，自繁苗捕大留小；4—6月捕大留小；7月加大捕捞量，逐渐降低水位。水稻移栽半月后，增加水位，或者补放小龙虾种苗。

4. 水稻种植　5月中旬至6月上旬播种，7月初开始插秧，合理疏植。

5. 禾花鱼放养　7月投放鱼苗，水稻移栽半月后加深水位，让鱼能进入稻垄，发挥耕田除草、增肥、提供氧气、吞食害虫等功能。

三、日常管理

（一）水质调控

根据气温、水稻长势调整水位。7月初加大小龙虾捕捞量时降低水位，水稻移栽后逐步增高水位，水稻收割前半月降低水位，捕捞禾花鱼、小龙虾。

（二）饲养管理

8—9月保持深水位，停止投喂饲料，大量花瓣、害虫等有机物掉入大田为鱼虾提供丰富的饲料，特别要注意巡查稻田虫情，做好病虫害绿色防控；9月中下旬至水稻收割前半月，慢慢降水至与田板，让鱼慢慢回到鱼沟，同时捕捞小龙虾，处理杂鱼。

（三）收获后管理

水稻收割后稻草进行有序堆放、晒塘、消毒；半个月至1个月后加水，种水草；来年春天肥水、保温、控苔，补充肥力，增加系统产出。

四、效益分析

本农场的稻虾共生区块亩产水稻390千克、价格8元/千克，小龙虾亩产145千克、价格34元/千克，合计亩收益8050元；稻鱼共生区块亩产水稻400千克、价格8元/千克，禾花鱼亩产50千克、价格30元/千克，合计亩收益4700元；相比于水稻单作区块亩收益1900元，增收明显。该模式具有投资少、见效快、稳粮增收、绿色生态等优势，综合效益佳。

第五节
典型实例四　长兴"稻小龙虾轮作共生"模式

一、主体简介

　　长兴和平银丰家庭农场位于浙江省湖州市长兴县和平镇小溪口村，为省级示范性家庭农场。2016年起该农场开展水稻-小龙虾轮作共生模式，基地规模380亩。该农场的"银耕"牌虾稻米、"赵佳倩"牌小龙虾均通过无公害认证；"一稻两虾"的轮作共生模式被浙江省水产技术推广总站评为浙江省2018年度"绿色发展好模式"。

二、关键技术

（一）稻田改造

1. 开挖环沟　稻田选址尽量集中连片，每20亩左右为一个田块，四周开环形沟，环沟面宽2~2.5米，底宽1.5~2米，深度一般不超过1.5米，环沟面积占总面积不超过10%。在靠近道路一侧设置机械出行便道，便于农机设备进入作业，下埋涵管，便于水流通畅。

2. 加固田埂　利用开环沟挖出的泥土垒到原来的田埂上，逐层夯实，田埂高于田面60~80厘米，埂宽1~2米。在环沟靠近水稻种植区一侧，修筑一道高20~30厘米内田坎。

　　3. 设置防逃　池埂四周设置0.5米高、内壁光滑的塑料防逃板。有条件的可在基地四周安装铁丝围网，并在主要路口安装视频监控。

4. 进排水改造　充分利用原有的农田排灌系统，并根据田块改造需求进行适当改造，进排渠道分开，进水管口用80目网袋过滤防止敌害生物进入。

（二）小龙虾养殖

1. 前期准备　水稻收割后的冬闲田进行冬冻日晒自然杀菌。1—2月田块上水后，新开塘用30~50千克/亩的生石灰进行全池泼洒，老塘用0.1毫克/升碘制剂全池泼洒。7~10天后，施碳铵复合肥、生物有机肥等进行肥水，并在环沟和田间种植伊乐藻、轮叶黑藻、水花生等水草，种植面积占水面积的30%~40%。

2. 苗种投放　虾苗入水前先进行"试水"，并用3%~5%食盐水浸泡5~10分钟。3—4月投放规格在300~400只/千克的健康虾苗，投放密度30~50千克/亩；6—7月，水稻种植后补放一批小虾。9月，留种15~25千克/亩的种虾，不足则适当补种虾。

3. 饲料投喂　12月至翌年2月冬季基本不投喂。3月早期可浸泡黄豆碾磨豆浆，既可作饵料又可以肥水。水温达到15℃后，投喂小龙虾配合饲料，辅以麸皮、米糠、玉米等。4—6月和7—8月为生长旺季，适当加大投饵量，投饵率2%～5%，早晚各投喂一次，其中傍晚投喂量要占到全天投喂量的2/3。9—11月，小龙虾摄食量减小，逐渐减少投喂。

4. 病害防治　坚持预防为主，重点加强水质调控，每20天每亩用3～5千克生石灰泼洒环沟，既可以水质消毒，又能补充水体钙质。同时，使用微生物制剂每半月调水一次，拌喂维生素C、免疫多糖等增强小龙虾体质。

5. 捕捞销售　采用地笼网捕捞。3月下旬至4月上旬以龙虾苗为主，4月下旬至6月上旬捕捞商品虾，捕大留小，在种水稻前基本捕完。7月下旬至8月底进行第二轮商品虾捕捞，9月上旬基本停止，留种繁育。

（三）水稻种植

1. 前期准备　6月中上旬，待大部分小龙虾出售后，缓慢放低水位至露出田板，未捕完的小龙虾随水位降低躲入环沟当中。田面用旋耕机进行翻耕。

2. 水稻选择　选择米质优、抗倒伏、抗病虫的"南粳46""南粳5055"等中熟晚粳稻品种，种植周期160天左右。

3. 水稻种植　由于水稻种植期较单纯水稻种植晚，宜采用集中育秧、机插种植方式。机插秧龄控制在18～20天，密度每亩1.2万丛，植株间距30厘米（行距）×18厘米（株距）。

4. 水位控制　插秧后以浅水促分蘖，保持在10～15厘米浅水位，适时露田或轻搁田，10月以后缓慢放水，完成搁田，11月下旬水稻机器收割。水稻收割后，用耕田机除去1/3～1/2的稻茬，加水至田面30厘米，剩余的稻茬可作为小龙虾饵料。

5. **生态防控**　小龙虾与水稻互利共生，水稻病虫害较少或基本不发生。田块四周安装诱虫灯，田道边可种植芝麻、向日葵、大豆等蜜源植物，有效控制褐稻虱与卷叶螟。7月中旬水稻长至20厘米以上时，田间也可以每亩放养5只水鸭，鸭粪代替化肥，鸭子吃虫代替农药，鸭子啄食、走动替代了除草剂，鸭群的田间活动，也有助于植物对土壤营养的吸收。

三、效益分析

　　该农场已连续3年，平均亩产稻谷500千克以上，加工成"银耕"牌虾稻米350千克，售价10元/千克，虾稻米产值3500元，主要销售方式为定点配送和超市零售。亩产小龙虾虾苗50千克，平均价格30元/千克，亩产小龙虾商品虾100千克，平均规格25～30克，平均售价40元/千克，小龙虾亩产值5500元。水鸭售价50元/只，亩产250元。稻田亩产值9400元（含150元国家粮补），亩利润4200元。与单纯种植水稻相比，养殖效益亩增3000元以上，农药化肥减量70%以上。

第六节

典型实例五　**温州"稻小龙虾轮作"模式**

一、主体简介

　　浙南地区农田少，种粮面积控制严格，正常共作模式下，小龙虾上市时间与湖北、江苏、安徽养殖大省一致，销售价格整体较低，严重影响种养主体的积极性。温州龙裕农业科技有限公司基地总面积1033亩，于2017年起开展稻-小龙虾轮作模式的试验示范，探索建立了稻-小龙虾轮作模式（即10—11月培育虾苗、12月至翌年1月放虾苗、5月30日之前收成完毕，6月开始种水稻、9—10月水稻收成），模式操作简单、综合效益好，易复制易推广。

二、关键技术

（一）稻田改造

1. 挖沟　以50亩左右为一个单元，沿田块一面或二面开挖沟，目的是排水收虾。沟面宽2～3米、底宽1.5～2米，深度为0.5米，无沟区留有4米左右宽的机械便道，便于农机设备进入田面，"一"字形或"7"字形沟面积约占总面积的3%～5%。有条件的可配备微循环增氧设备。

2. **加固田埂**　利用推土机作业，在原田块泥土基础上加固原有田埂，逐层夯实，田埂高于田面80厘米，埂宽1～2米。

3. **防盗设施**　在主要路段安装监控设施和防盗铁丝围网。

4. **进排水改造**　每个池塘设置一套进排水系统，在出水口的对面势高处设进水口，进水管位于埂面上，地势低处设排水口，在沟底部埋设。进水管口用80目网袋过滤防止敌害生物进入。

（二）种养管理

1. 小龙虾放养

① 前期准备　消野除杂草，加水至田面上20厘米。10月在田间和沟中种植伊乐藻等水草，总量占田块面积的30%左右，肥水培藻，培肥水质。

② 苗种繁育 在面积约3～5亩的池塘里开展土池育苗，10月初稻谷收成后马上消毒，放养种虾；1个月以后，幼虾孵化，开始肥水、投豆浆和奶粉，促进生长，12月初开始捕苗分池，投喂配合饲料，不断分池到各养殖池塘。每个塘口里面建设一个占总面积5%左右的围网作为后期虾苗暂养区、翌年3月开始在围网内陆续投放2茬所需的小苗。

③ 虾苗投放　12月初开始放苗1千克（约600～800只），每亩5～6千克，翌年3月15日前后全部起捕，简单清塘，从暂养池中放出小龙虾，然后根据苗量决定补充虾苗，每亩投放约50千克（规格约6克/只）。通过强化养殖，4月20日起捕，捕大留小至5月10日。

④ 饲料投喂　在池内设置食台，2月底气温回升时，小龙虾进入生长旺季，投喂32%蛋白含量的配合饲料，每天早晚各投喂1次；傍晚投喂量要占到全天投喂量的2/3；做好水草管理。

⑤ 病害防控　该模式小龙虾在冬季养殖，水温偏低，病害较小，主要是预防苗种的机械损伤，在捕放苗种时要坚持表面消毒。每亩每半月用3～5千克的生石灰泼洒池沟，调节水质。

2. 水稻种植

① 前期准备　6月初，待大部分小龙虾出售后，缓慢放低水位至露出田板，剩余小龙虾随水位降低躲入沟中，全部捕捞完毕。

② 水稻选种　选择种植周期短、抗倒伏能力强，抗病害能力强的晚稻品种，如"郁金香""浙优8号""甬优"等。

③ 水稻种植　6月初实施机插秧，每亩1.2万丛，植株间距30厘米（行距）×20厘米（株距）。保留较宽的稻株间距便于以后小龙虾活动。

④ 水位控制　种稻后提高水位，使田面水深保持在15～20厘米；7月中下旬降低田面水位适当搁田，以促进水稻根系深扎避免倒伏。

⑤ 病害防治　采用昆虫诱捕器等生物防治法，尽量少使用化学农药。

（三）收获

1. 小龙虾捕捞　捕捞方式为地笼捕捞。3—5月成虾均可起捕出售；尽早放苗，尽早起捕，捕大留小。

2. 水稻收割 9月中下旬放小龙虾种虾5千克（规格26只/千克），雌雄比3∶2，然后逐渐降低水位，10月视水稻成熟程度，适时收割，同时沟内水位也逐渐降低至一半，促使小龙虾进洞。水稻收割后，加水至田面水深20～30厘米，稻茬经水淹及微生物作用后可作小龙虾饵料。

三、效益分析

基地2019年实现小龙虾亩产250千克，平均规格35克/只，售价50元/千克，小龙虾产值12500元/亩；水稻亩产稻谷450千克，"龙枫"品牌大米售价10元/千克，大米产值3000元/亩；稻田亩均产值15000元，亩均利润4655元。基地年均减少化肥使用量55千克/亩。通过池塘式高产养殖小龙虾，既保证农田面积不减少，又实现了稳粮增收、提质增效、生态友好的绿色发展目标。

第三章　稻青虾综合种养

　　青虾，也称河虾，是我国淡水虾类中经济价值较高的一种水产品，年均价格100元/千克。青虾喜欢生活在水质清新、水草丛生、水流缓慢的浅水区，夏季高温时才向深水处移动，是一种较为适宜的稻田养殖虾类品种。稻青虾综合种养是稻渔综合种养中的主要技术模式之一，也是浙江省较早开始推广示范的一种稻渔模式。在稻田里开展青虾的共生与轮作，形成一季稻-两季虾的生产，既稳定了粮食生产，促进了水稻种植业的提质增效，又为名贵淡水虾类养殖拓展了新的空间，实现一田两用，一地双收，减肥减药，推动了绿色生态循环农渔复合型种养模式发展。

第一节　基本技术规程

一、环境要求

稻田应符合《无公害食品　水稻产地环境条件》（NY/T 5116）的要求。选择环境安静，水源充足的稻田，土质以保水性能好的黏土壤土为宜。平原地区田块面积以5~10亩、山区以1亩以上，连片矩形为宜。

二、田间工程

（一）环沟

沿稻田田埂内侧50~60厘米处，开挖环沟，环沟宽2~2.5米，深1~1.5米。环沟总面积占稻田面积不超过10%。在主干道进入田块的一边留出宽3~5米的农机作业通道。每亩可配0.2千瓦的微孔增氧设备。

（二）外埂

将环沟中挖出的泥土加筑到四周田埂上，并夯实，使之不渗水、不漏水。田埂截面呈梯形，埂底宽0.8～1米，顶部宽0.4～0.6米，顶部高出田块平面0.5～0.6米，坡比1：（3～4）。

（三）进排水

每个田块设置分离的进排水系统，地势高处设进水口，进水管渠设在埂面上，管道或水渠出水端设置阀门，控制水量，加装80目规格的过滤网袋；地势低处设出水口，在虾沟的底部埋设，并有水位保持、防洪装置和防逃网罩。

三、水稻种植

（一）品种

水稻品种要因地制宜，推荐选择口感佳、茎秆坚挺不易倒伏、分蘖力强、高产优质、抗病害强的品种。

（二）田块整理

早稻种植在3月底至4月初对田块进行翻耕平整；单季晚稻种植在

5月上旬对田块进行翻耕平整。每亩用100~150千克的生石灰，化浆后对沟渠泼洒消毒。

（三）秧苗移栽

早稻可直播或移栽，直播在4月10日前后完成，播种量5~6千克/亩，移栽在4月底至5月上旬完成，株行距30厘米×12厘米；单季晚稻在5月中下旬至6月上旬完成移栽，移栽行距30厘米，株距常规稻18~22厘米，每丛3~4株；杂交稻株距24~26厘米，每丛2~3株。

（四）晒田

移栽结束后20天左右开始晒田，晒至田表发白即可。

（五）水位控制

收割前10天，将环沟水位缓慢降至低于田面10厘米，自然落干。搁田期间，环沟保持满水。

（六）病害防治

按每盏灯控制30亩的范围安装25瓦太阳能杀虫灯。利用机耕路边空闲地种植香根草。一般不施农药，禁用菊酯类、有机磷农药，禁用除草剂。

（七）收割

水稻成熟后，应及时收割。单季晚稻收割在10月底至11月上旬，早稻收割在7月底至8月初。秸秆移出稻田。采用机械或人工收割。

四、青虾养殖

（一）苗种选择

苗种应选用经全国水产原种和良种审定委员会审定的新品种，或选用自繁自育适合本地区养殖的苗种，应来源于具有水产苗种生产许可证的企业。

（二）水草种植

3—4月，可在虾沟内种植或播种水草，种类为轮叶黑藻、苦草等，种植面积占虾沟总面积的20%～30%。

（三）放养

1. **放养时间**　单季稻-二季青虾共生模式，青虾苗放养时间为6月下旬至7月上旬；早稻-二季青虾轮作模式，青虾苗放养时间为8月上旬。

2. **规格与密度**　夏秋季每亩放养规格2.5～3厘米左右的幼虾4万～6万只。冬春季每亩放养规格3～5厘米幼虾10～15千克。

3. 放养方法 在四周环沟内均匀投放。放苗宜在晴天的早晨进行，同一虾塘虾苗要均匀，一次放足，虾苗入塘时要均匀分布，并使其自然游散。

（四）饲料投喂

按照"定质、定量、定时、定位"的原则进行。投喂青虾专用配合饲料。冬春季养殖注意天晴时及时开食，秋季养殖放养后每天2次，上午投喂饲料的1/3、下午投喂2/3，在环沟内均匀投喂，日投喂量为青虾体重的3%~10%；具体的投喂量和投喂次数应根据季节、天气、水质及吃食情况作调整。

（五）水位管理

苗种放养初期，环沟水深保持在80厘米左右，放养第一周不加水，而后每隔3～5天，加注新水1次，使田面上水位保持10～15厘米，逐步加高至1～1.5米。高温季节，每1～2天加注1次新水，以保持田面水位15～20厘米，每7～10天换水1次，每次换水10厘米。水稻收割后，将稻田加满水。

（六）日常管理

坚持早、中、晚巡田，检查青虾的摄食及活动、水质变化和水稻的生长情况。检查田埂是否有渗漏，进排水口及拦鱼设施是否完好，一旦发现异常，及时采取措施。

（七）病害防控

坚持"以防为主、防治结合"的原则。养殖期间按每亩水体泼洒15～20千克生石灰，每月消毒2次；实时捕捞以降低虾密度；发病季节用碘制剂泼洒消毒。

（八）捕捞

夏秋季养殖的青虾达商品规格时，按照"捕大留小，分批捕获"的方法用地笼轮捕。冬春季养殖的青虾至翌年达商品规格时进行捕大留小，小规格虾留养至翌年4—5月干塘捕捞上市。

第二节

典型实例一　绍兴"稻-青虾-鳅"综合种养模式

一、主体简介

绍兴富盛青虾专业合作社成立于2007年，面积1500余亩。近年来，合作社开展稻虾鳅共生轮作生态种养，将稻虾轮作与稻鳅共生相融合，在同一田块中种植一季早稻，开展一茬鳅两茬虾的新型生态农作模式，实现稳粮增效"双赢"。

二、关键技术

（一）稻田改造

1. 开挖环沟 以5～10亩为一个田块，四周开挖宽1.5～2米，深0.3米的蓄水环沟。用挖沟的泥筑坝，坝高1米，使之成为可蓄水0.6米的池塘（从沟底起最大水位为0.9米）。按每亩0.15千瓦配置增氧机。

2. 进排水系统 进水管口高出最高水位20厘米，管口套60目网布袋过滤。排水管铺设在沟底部，管口套20～40目网布。

（二）早稻种植

1. 直播　　早稻选择具有矮秆抗倒伏品种"中早39"，在4月10日前后直播，播种量为5～6千克/亩。为保证出苗整齐，播种前要晒种1天；要重视恶苗病的防治，防治药剂可用25%咪鲜胺乳油3000倍液，浸足72小时后再催芽，当芽谷根长一粒谷、芽长半粒谷时即可播。

2. 施肥　　在3叶期施尿素5千克/亩；20天后再施尿素5千克/亩，以后不再施肥。

3. 水分管理　　在水稻3叶期前禁止灌水上秧板；3叶期时灌水上板（结合施用除草剂），做到湿润灌溉，注重搁田。7月10日前后进行搁田。搁田期间排干环沟底部积水，对环沟进行3～4小时曝晒，为其后的鳅虾混养提供良好的塘底环境。随后，立即灌水入沟。

4. 治虫　　早稻主要病虫为二化螟，以性诱剂防治；或每亩用10毫升康宽（氯虫苯甲酰胺），化水用喷雾机进行喷撒。

5. 收割　7月下旬至8月初收割早稻，机械化收割，且尽量齐泥收割，并将秸秆清理干净。

（三）水产养殖

1. 泥鳅放养 在泥鳅苗放养前7～10天，每亩用生石灰0.1千克对环沟进行干法消毒。隔天后即可灌水入沟，并施放有机肥进行培水，以便为鳅苗下塘提供足够的适口饵料。

早稻机插后5天，即可每亩投放规格为3厘米的泥鳅苗5000尾，进入稻鳅共生阶段。

2. 青虾放养 早稻收割完毕后，立即灌水入田，使水位保持0.2～0.3米，促使稻桩腐烂，并及时清除漂浮在水面的杂草；2天后再次进水，使水位到达0.6米。进入稻虾轮作，虾鳅生态混养阶段。

根据早稻收割完成情况和池塘准备情况，在8月上旬至下旬每亩投放规格为1.5～2厘米的虾苗3万～5万只；翌年1—2月，第一茬养殖干塘起捕后，随即灌水回塘，每亩放1000只/千克左右虾种10～12.5千克，进入第二茬养殖。

虾苗放养时节正值夏季高温，因此应选择在晚上或凌晨进行，以避免阳光直射，确保水温温差不超过3℃。放苗时需开启增氧机，并将虾苗缓慢放养在增氧机下水面处，使虾苗随着水流散开。

3. 投喂管理

①泥鳅养殖 泥鳅放养后就能入田觅食，摄食稻田中富有的植物碎屑、昆虫、水草嫩叶以及水体中的藻类、浮游动物。后期与青虾混养时，摄食青虾饲料碎屑、残饵。

②青虾养殖 虾苗入塘1周后开始投喂青虾专用颗粒饲料，日投喂1次，16:00—18:00；1个月后改为日投喂2次，8:00—9:00投喂日总

量的30%，16:00—18:00投喂日总量的70%。当水温低于15℃时逐步停食。翌年3月下旬当水温上升到15℃时再次开始投饲。

4. 日常管理

①水质调节　在环沟内适量种植水花生或空心菜，透明度控制在20～30厘米。前期以加水补充为主，进入9月增加换水。换水时先排底层老水，再加注新水，每次换水量控制在20%以内。

②病害防控　预防为主，每间隔10～15天每亩水面泼洒聚维酮碘0.25千克、生石灰5千克，消毒杀菌。

5. **捕捞**　9月底，当青虾达到商品规格时，即可虾、鳅同时起捕，采用网眼1.5厘米的地笼，捕大留小。第二茬青虾，则在翌年4月上旬至5月初早稻机插前，干塘起捕。

三、效益分析

基地收获早稻400千克/亩，收购价3.2元/千克，产值约1300元；泥鳅亩产40千克，收购价60元/千克，共2400元；青虾亩产40千克，收购价160元/千克，共6400元；亩产出共计10100元，利润5000元/亩。

第三节

典型实例二 诸暨"稻–青虾–小龙虾"综合种养模式

一、主体简介

诸暨市山下湖乐桥家庭农场位于山下湖镇解放村孟家湖，现有稻渔综合种养基地约550亩，固定资产300余万元。基地于2009年开始探索稻青虾轮作试验，通过不断实践，种养技术和模式更加成熟，取得了较好的经济和生态效益。该模式充分利用了水稻、青虾及小龙虾不同的生长季节（早稻种植4—7月、青虾养殖8—11月、小龙虾育苗12月至翌年3月），合理安排茬口，最大程度提高了稻田使用效率，实现了一田三作，循环生产，水陆两个生态系统交替应用，隔断了稻、虾病虫害的传播路径，减少了青虾和小龙虾的用药、饲料以及早稻农药、化肥使用数量，节约了种养成本，实现生产高效发展。

二、关键技术

（一）稻田改造

稻田面积以30亩左右为宜，以长方形为优，离堤坝3~4米处开挖宽3~4米、深1.5米的蓄水环沟，并控制沟面积占稻田总面积的10%之内。用挖沟的泥筑面宽约2米、高1.3米左右的堤坝，使养虾时田面水位保持在1米左右，种稻时沟内水位保持在1.5米左右，种稻不影响鱼虾的生长环境。

（二）水稻种植

1. 水稻品种选择与播种　早稻品种选择矮秆抗倒伏"中早39"，在4月8日前后开始直播，播种量约为4千克/亩。为有效防治恶苗病、青枯病，播种前应用25%咪鲜胺乳剂或4.23%甲霜种菌唑微乳剂浸种，并浸足72小时后再催芽，当芽长半粒谷、根长一粒谷时，即可选择晴天播种。

2. 除草施肥　早稻直播后5天左右用40%直播净除草剂60克/亩除草。当秧苗长到3叶期时开始灌水施肥，亩用尿素5千克，因虾塘较肥，不再需施肥。

3. 治虫　早稻主要病虫为二化螟，以性诱剂防治；或每亩用10毫升康宽（氯虫苯甲酰胺）喷雾防治。

4. **搁田**　7月初开始搁田。搁田时排出环沟内水，使水面低于田面约40厘米，保持沟内水位约1米左右，使稻田内的鱼、虾有一个良好的生存环境。

（三）综合放养

1. 鱼种放养　5月初在环沟内放养花白鲢夏花，亩放养量为各500尾左右，主要用于调节青虾养殖期间池塘水质，并控制秋繁虾苗数量，提高商品虾规格和产量。

2. 青虾放养

① 青虾繁育　用面积约为5亩、水深1.2米的池塘作繁育池，繁育前用生石灰150千克/亩进行清塘消毒，3天后进水，用80目滤网过滤进水，防止小杂鱼进入繁育池，水满后用200千克/亩腐熟发酵好的有机肥施肥，培养好浮游生物饵料。5月20日前后放入10千克/亩抱籽虾，亲虾一周后选用江西鄱阳湖野生抱籽虾，一周后泼洒黄豆浆，直至虾苗沉底后开始投喂幼虾专用饲料。

②虾苗入塘　7月底至8月初早稻收割、秸秆回收利用后，开始灌水，使田面水位升至1米左右，进水用80目滤网过滤，防止小杂鱼进入。水体用25千克/亩生石灰带水消毒，5天后放养规格为6000~8000只/千克的青虾苗，每亩投放量3.5万只左右。虾苗放养时节正值夏季高温，因此应选择在晚上或凌晨进行，以避免阳光直射，确保水温温差不超过3℃。放苗时应开启增氧机，并将虾苗缓慢放养在增氧机下水面处，使虾苗随着水流散开。

③青虾喂养　虾苗入塘1周后，开始投喂青虾专用饲料，日投喂1次，每日16:00—18:00投喂。10月，青虾已长到3~4厘米，秋繁虾苗出现，应适当增加日投喂量和投喂次数，8:00—10:00投喂量占总投喂量的30%，16:00—18:00投喂量占总投喂量的70%。当水温降至10℃以下时停止投喂。

3. 小龙虾放养　11月开始在青虾塘内套养抱籽小龙虾，放养约10千克/亩，至翌年3月可收获小龙虾苗。

（四）日常管理

1. **池塘消毒**　池塘杀菌消毒以预防为主，每半月每亩水面泼洒生石灰10千克，同时增加池塘钙含量。

2. **水质保持**　泼洒生石灰3天后泼洒芽孢杆菌以调节水质，使水质"肥、活、嫩、爽"。

3. **池塘增氧**　青虾苗种放养后，需及时开启底部增氧设备，一般配备0.2千瓦/亩以上动力，晴天中午开机1小时，晚上24:00后开机至早上。

（五）收获

1. 水稻收割　7月20日前后开始收割，全程使用机械收割烘干。齐泥收割后，用秸秆打捆机对秸秆进行打捆回收利用。

2. 养殖捕捞　9月底至10月初，当青虾达到商品规格时，可以采用地笼轮捕上市，捕大留小，至12月初干塘捕捞完。

三、效益分析

基地收获早稻450千克/亩，收购价3.04元/千克，亩产值约1368元；花白鲢亩产125千克，平均价格7元/千克，亩产值875元；青虾商品虾亩产52千克，平均价格140元/千克，亩产值7280元；青虾秋繁虾苗亩产10千克，平均价格40元/千克，亩产值400元；小龙虾苗亩产50千克，平均价格30元/千克，亩产值1500元；合计亩产出共计11423元，扣除饲料、电费等各项成本后，亩均利润可达6200元左右。

第四章　稻鱼综合种养

　　稻鱼综合种养，即传统的稻田养鱼模式，是利用稻田浅水环境，辅以稻田改造、人工管理等措施，在实现水稻稳产的前提下开展鱼类养殖。该模式可提高稻田经济效益和渔农民收入，提升产品质量安全水平，改善稻田的生态环境，具有稳粮增收、生态安全、质量安全、富裕百姓、美丽乡村等多重效应。

　　浙江省的稻田养鱼历史悠久，文化底蕴深厚。青田稻鱼共生系统在2005年被列为全球首批五个、亚洲唯一的一个全球重要农业文化遗产保护项目；按照"在发掘中保护、在利用中传承"的理念，推动稻鱼综合种养模式新发展，在发展中实现价值转化。

第一节　基本技术规程

一、环境要求

稻田应选择在光照条件好、土质保水保肥、水源方便、交通便利的山区、丘陵地区田块或梯田；或选择在水源充足、保水性好、排灌方便和具备独立进排水系统的平原地区连片稻田。基本条件需符合《水稻产地环境技术条件》（NY/T 847）、《渔业水质标准》（GB 11607）要求。

二、田间工程

（一）沟坑

稻田开挖部分可包括鱼沟和鱼坑，总面积控制在稻田面积的10%以内。

1. 鱼沟　鱼沟的面积占田面积的3%～5%，沟宽50～80厘米，沟深50～60厘米。鱼沟的形状可根据稻田大小挖成"一"字、"十"字、"日"字、"田"字或"井"字形。狭长梯田仅在距内埂1.5米处挖一条边沟。

2. 鱼坑 亦称鱼凼，为方形或圆形，可建于田中间或田埂边，深1~1.2米，坑沟相通。坑埂用泥土、砖或其他硬质材料建成，高出田面20~30厘米。底部安装一条通向田外的排水管。面积占稻田面积的5%左右。

（二）田埂

　　田埂高度应大于40厘米，宽度30～50厘米，保水防塌。坡比为1∶（1.2～1.3）。

（三）进排水工程

开设在稻田的相对两角。进水口开设在坑沟首端，底部高出田面10厘米，排水口开设在坑沟尾端，底部应略低于田面。根据田块情况，不同田块间的进排水口可串联或独立设置，鱼坑排水口设在池底。在排水口附近设溢洪缺口1～3个，调节稻田水位。

（四）防逃设施

采用竹栅、塑料网、金属丝做拦鱼栅，安装在进排水口处，入泥深度20～35厘米，宽90厘米，高80厘米为宜。可做双层防逃网。孔目应根据放养鱼的大小而定。

三、水稻种植

（一）稻种选择

选择抗病力强、茎秆粗壮、不易倒伏、耐淹、口感好、品质优且适宜当地种植的水稻良种。

（二）施肥

以有机肥为主，插秧前每亩施基肥50～100千克，占全年施肥量的80%左右；在水稻生长期间，可追施复合肥20～30千克。追肥时水位不低于10厘米，施用时避开沟坑。

（三）秧苗栽插

秧苗栽插以当地生产季节为准。常规品种株行距25厘米×27厘米、杂交稻28厘米×30厘米；或宽窄行。梯田下埂和鱼沟边两行密植，株距10厘米。

（四）晒田

待水稻进入有效分蘖末期至节间开始伸长时排水晒田。宜轻晒或短期晒，时间为3～5天。以土表出现裂缝、人踩不陷脚为度。

（五）水位控制

在水稻生长前期，水深控制在3厘米以下，不可浸没禾心；禾苗封行返青后加深到5～10厘米；在水稻生长中后期，逐步加深水位直到15～20厘米。

（六）病虫害防治

做好绿色生态防控。安装引虫灯诱捕昆虫。若需施药，应选择高效、低毒、低残留的农药，粉剂在清晨有露水时施用，水剂、乳剂农药在晴天傍晚施用，下雨天切忌用药。采用喷雾方式，顺风向喷施，喷嘴向上，将药剂喷洒在叶面上。

（七）日常管理

坚持定期巡田，注意防洪、防逃、防敌害；在高温季节，应定期补水或换水，保持水质稳定。雨季应注意检查田埂和防逃设施，及时疏通鱼沟。

（八）水稻收获

水稻收割时间为9—10月，收割前要排水，排水时先将稻田的水位快速下降到田面上5~10厘米，然后缓慢排水，最后鱼沟内水位保持在50~70厘米，田面晒干开裂，采用小型机械或人工收割。

四、鱼类养殖

（一）品种及来源

鱼类品种以田鲤为主，也可选择泥鳅、乌鳢、禾花鱼、沙塘鳢等，水产苗种应来源于国家级、省级良种场或经批准的苗种生产场，并经检疫合格。

如购买的为当年夏花苗，需进行强化培育，按种养面积2%~3%的比例配套建设苗种培育池，单口面积为3~5亩，深1~1.5米。每亩放养规格为2000~3000尾/千克的夏花苗1万~3万尾。投喂蛋白为30%~32%的配合饲料，日投喂量2%~3%。培育至20~30克时即可移至稻田中养殖。

（二）鱼类放养

水稻返青后，每亩放养小规格鱼种300～500尾，或是100～150克的大规格鱼种200～300尾。放养泥鳅规格为3～4厘米，亩放养量为1万～1.5万尾；规格8～10厘米/尾，亩放养量为0.7万～1万尾。鱼种下田前用3%～5%的食盐水浸洗5～10分钟。鱼种应选择晴天清晨或傍晚下田，水温差不宜超过3℃。

（三）养殖管理

1. 消毒 鱼种投放前，每亩用生石灰50～75千克化浆均匀泼洒消毒。

2. 饲料投喂 鱼种下田后，以摄食天然饵料为主，人工饲料为辅；也可适量投喂米糠、麦麸、豆饼等人工饲料。投喂量占放养量的1%～3%。

3. 水质管理 水温超过30℃时，每15天更换10%水量，并加高水位到20～30厘米。

4. 病害防治 做到"以防为主，防治结合"。控制放养密度，减少渔药使用。严禁施用抗菌类和杀虫类渔用药物，严格控制消毒类、水质改良类渔用药物施用。对老鼠、水蛇、飞鸟等生物敌害应采取驱逐、围栏、搭网、养萍等方法进行防避。

（四）捕获

在水稻收割前起捕，各地可根据市场需求调整捕获时间。在夜晚缓慢放水，将鱼顺鱼沟赶至鱼坑内起捕，泥鳅采用抄网或诱饵笼捕法；捕大留小，适时销售。

<h1 style="text-align:center">第二节</h1>

<h2 style="text-align:center">典型实例一 青田"稻鱼共生"模式</h2>

一、主体简介

青田愚公农业科技有限公司生态农场位于青田县仁庄镇，面积120亩。公司在"田面种稻，水体养鱼，鱼粪肥田，稻鱼共生"的传统稻鱼方式基础上不断创新，采用全生态有机循环稻田种养殖模式，培育有机稻和生态鱼。2018年、2019年，该模式在全国稻渔综合种养模式创新大赛上连续荣获特等奖。

二、关键技术

（一）稻田改造

1. 沟坑开挖　考虑田地资源稀缺、漏水、人工、费用等原因，不挖长沟，只在进水口附近开短沟和鱼坑；可用作食台，又可用作堆肥坑；同时在冬季干田种植旱作作物时，还可作为鱼种的越冬池。

2. 防逃设施　田埂加高至40～50厘米，宽30～40厘米，防止逃鱼和提高蓄水能力，田埂敲打结实，堵塞漏洞，或做水泥硬化永久使用。在稻田排灌的进出水口设拦鱼栅。拦鱼栅用铁丝或竹片等制成，略高于田埂。孔目大小以既不逃鱼，又能过水为宜。

（二）种养技术

1. 水稻种植 选用抗病力强、抗倒伏的品种，如"中浙优8号""南粳46""甬优17"等。3月下旬，采用稀插高秧，水稻移栽密度30厘米×30厘米。

　　2. 鱼苗投放　插秧7～10天后投放大规格夏花田鱼苗（300～600尾/亩），水位在10厘米左右。主要投喂配合饲料，配以投喂破碎后的麦麸、稻糠、米皮碎米。

3. **水位控制**　在稻田浅水插秧后的25～30天内田间不灌深水，保持水深10厘米左右。随着水稻与田鱼的生长逐渐加高水位，当分蘖数达到预定指标后，提高水位至30厘米以上，利用水位控制水稻无效分蘖（不烤田），同时高水位又为田鱼提供良好生长环境。

4. **日常管理**　稀插秧与田鱼活动有利通风及有效控制细菌性病害与虫害；田鱼摄食稻田里的水草、昆虫、浮游动、植物、稻花等，鱼粪肥田；结合昆虫诱捕器等生物防治法进行防治。全程不使

用农药。

5. 收割捕获　水稻收割前20天左右放水抓鱼，干田，人工收割。

　　6. 冬闲管理　留高秸秆，自然晒田消毒1个月，满田放水浸泡，直接放冬片田鱼苗（300～500尾/亩）摄食残留谷物、害虫、卵、水草等；投喂一定的配合饲料及谷物。鱼的粪便还可作为基肥积累，同时田鱼喜欢拱泥觅食，翌年可达免耕。

三、效益分析

基地有机水稻亩产量400千克，创建"恬恬稻鱼香米"品牌，亩产值0.4万元；共生期亩产田鱼100千克，亩产值0.8万元，冬闲季节灌水养田鱼50千克，亩产值0.4万元。扣除亩均成本0.69万元，亩均收益0.91万元。基地通过示范、培训、讲座等形式带动周边农民增产增收。2015年以来，基地已接待了国内外160多批2000多人次前来调研指导、观摩学习等活动，综合效益明显。

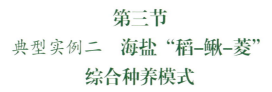

第三节
典型实例二　海盐"稻-鳅-菱"
综合种养模式

一、主体简介

　　浙江三羊现代农业科技有限公司，成立于2013年5月，拥有流转土地1300多亩，主要从事立体稻田生态循环养殖。企业以生态养殖为基础，粮食安全为重点，深精加工为发展，品牌建设为效益，开展以稻鳅菱综合种养结合的新型稻鱼共生模式，先后获得"2017浙江好稻米"金奖、2018年全国稻渔综合种养优质渔米评比推介活动"粳米金奖"。

二、关键技术

　　（一）稻田改造

　　1. 鱼沟开挖　　选择6亩田块为一个单元，田块外周设置高度为

0.5～0.6米的外侧田埂，外侧田埂向内挖顶部宽度为1.5～1.8米，底部宽度为1～1.2米，深度为1.3～1.5米的养鱼沟，并设置高于稻田0.2～0.3米的内侧田埂，内侧田埂所围区域为水稻种植区。内侧田埂上每间隔15～25米开设一个缺口，用于连通水稻种植区和养殖沟。

2. 防逃设施　在内侧田埂、外侧田埂以及养鱼沟的内壁和底部均铺设隔水薄膜；外侧田埂的外周设防逃网；田块上方和四周设防鸟网。

（二）种养技术

1. 水稻种植 采用优质高抗高产品种，如"秀水134""秀水121""嘉58""嘉优中科8号"等。采用宽窄行模式栽培，宽行距40厘米，窄行距20厘米，株距18厘米。5月中下旬播种，6月中上旬移栽。

2. 泥鳅放养 选用营养价值高，生长快的台湾鳅。每年在水稻移栽前，放养鳅苗至养鱼沟内。鳅苗规格为3～5厘米，放养数量为1.5万～1.8万尾/亩。放养前用高锰酸钾消毒15分钟，缓慢放入水中。

3. **菱的种植**　第一年采用菱苗移栽的方式种植，在5月上旬，选择南湖菱种苗，在养鱼沟内按每5米栽2株的密度进行移栽。第一年沟底薄膜上淤泥较少，可在移栽处放置一些泥土便于菱种扎根；第二年开始，对自由萌发形成的新苗，在5月中下旬按每隔2米留1株的密度进行间苗定苗。

4. **施肥管理**　以菜籽饼、羊粪、兔粪等有机混合肥为基肥和追肥。基肥在移栽前1天施入，施用量折干重为每亩200～250千克，追肥在7月上旬和下旬分2次施用，每次用量为30～50千克/亩。

5. **水位管理**　插秧前，沟水低于田土，泥鳅集中在养鱼沟中；插秧活棵后，使沟水与田水相平，有利于泥鳅进入到稻田中活动；6月中旬至7月上旬水稻分蘖期，采用浅水促蘖，田水保持在5厘米左右；7—8月，水稻处于拔节孕穗期，田水保持在10厘米以上；水稻灌浆期，排水灌水不宜过急过快。南湖菱对养殖水体起到净化作用，共生期一般采用补水，无须换水。

6. **饵料投喂** 应每日或隔日投喂一定的饵料，种类以米糠、豆饼为主，搭配少量鱼粉、蚕蛹粉；也可用泥鳅专用饲料。投喂时间为上午9:00，投喂在养鱼沟内。

7. **捕捞收获** 10月中下旬收割水稻，机械化收割。晚稻收获后，排水集中捕捞或地笼捕捞。也可让泥鳅在鱼沟内自然过冬，按需捕捞。南湖菱在8月底陆续成熟，可每隔5~7天采收1次，采收后及时上市。

三、效益分析

基地水稻亩产量约470千克，创建"稻鳅御品"品牌大米，售价16元/千克，出米率按65%计算，产值0.48万元/亩；泥鳅按每亩产出300千克、售价50元/千克计算，产值1.5万元/亩；南湖菱亩产160千克，售价10元/千克，产值0.16万元。扣除各类成本0.95万元/亩，模式纯效益可达1.2万元。